AF332175

EXTRAIT
DES MEMOIRES
DE
L'ACADEMIE ROYALE
DES SCIENCES.

ANNÉE M. DCCXXIV. *Page 227.*

INSTRUCTION ABREGE'E,
ET METHODE
POUR
LE JAUGEAGE DES NAVIRES;

*Avec un Exemple figuré, & des Remarques
pour la Pratique.*

Par M. DE MAIRAN.

L'ACADEMIE ayant été chargée en 1720, par ordre de S. A. R. M. le Regent, & fur la demande de S. A. S. M. le Comte de Touloufe Amiral de France, Chef du Confeil de Marine, de déterminer une Methode pour le jaugeage des Navires, ou d'examiner entre celles qui font connuës, quelle

30 Août 1724.

A

étoit la plus sûre & la plus utile pour la pratique ; & ayant reçû à cette occasion plusieurs Memoires & Piéces instructives, avec les Methodes pratiquées jusqu'ici dans les differents Ports du Royaume, & chés les Etrangers, elle nomma pour cet examen deux Commissaires, qui furent M. *Varignon*, & moi. Après diverses recherches sur ce sujet, nous rendîmes compte à la Compagnie de notre travail par deux Memoires, qui ont été imprimés dans le Volume de 1721. Comme nos Methodes se trouverent differentes, quoi-que fondées sur les mêmes principes, il fallut en faire des épreuves, pour voir quelle étoit la plus commode, & la plus exacte dans la pratique. Celle de M. *Varignon*, toute entiére de lui, est assûrement très belle, & n'a rien qui ne soit digne de ce grand Geometre. La mienne cependant eut le bonheur d'être préférée, tant en conséquence de l'essai qui en fut fait avec beaucoup d'exactitude au Port du Croisic par M. *Bouguer* Hydrographe du Roy, qu'à cause de son extreme facilité, & qu'elle ne supposoit dans sa théorie que des principes qui sont à la portée de la plufpart des Jaugeurs. C'est à quoi sur-tout j'avois fait attention avant que de l'adopter, & en éxaminant celles qui nous avoient été communiquées ; toûjours plus porté à choisir entre ce qui étoit déja connu ou pratiqué sur ce sujet, qu'à me fier à mes propres idées. Aussi ne fais-je aucune difficulté d'avoüer que le fonds de ma Methode appartient à M. *Hocquart* Commissaire de la Marine & fils de M. *Hocquart* alors Intendant à Toulon. Il la communiqua au Conseil de Marine le 25. Juillet 1717, & je la trouvai parmi les Piéces que le Conseil nous avoit fait remettre. Elle me parut avoir toutes les qualités que je cherchois, à quelques circonstances près, que je changeai ou rectifiai de la maniére qu'on a pû voir dans le Memoire de 1721, & qu'on verra dans celui-ci. M. *Varignon* étant mort en 1722, l'Académie me donna M. *de Lagny* pour adjoint à sa place. En 1723 M. le Comte de Touloule ayant demandé à l'Académie le résultat de l'éxamen qui lui avoit été confié sur ce sujet, je proposai d'aller auparavant faire moi-même dans les Ports de Bordeaux, & d'Agde de nouvelles épreuves, tant de la Methode que j'avois choisie, que de plusieurs autres qui nous avoient été communiquées au commencement, & pendant le cours de ce travail. Je partis dans le mois de Juin. Ces épreuves furent faites & repetées avec soin par moi-même, par des Jaugeurs, & par des Matelots, sous l'autorité de S. A. S. M. le Comte de Toulouse, & par le moyen des ordres qu'il avoit donnés aux Officiers de l'Amirauté de me fournir tout ce qui étoit necessaire à ce dessein. Peu de temps après mon retour à Paris, vers le commencement de 1724, ayant rassemblé tout ce que j'avois pû acquerir de nouvelles lumiéres sur le jaugeage des Navires, je fûs confirmé dans le jugement que j'avois d'abord porté de la Methode dont il s'agit : elle me parut de plus en plus concilier la justesse, la clarté & la facilité necessaires pour la pratique, autant que le pouvoit permettre la nature du sujet. J'en rendis compte à l'Academie, de vive voix. Mais S. A. S. M. l'Amiral m'ayant fait l'honneur de me marquer par une de ses Lettres du 3 1 Juillet 1724, & fait dire par M. *de Valincourt*, qu'elle avoit été informée par les Officiers de l'Amirauté de Bordeaux de tout ce que j'avois fait pour le jaugeage, & qu'elle souhaitoit que je misse sous une forme plus courte, plus décisive, & plus à la portée des Jaugeurs ordinaires, la Methode préférée, & décrite dans les Memoires de 1721. Je me déterminai enfin à la rédiger sous la forme qu'on va voir ici. Je la communiquai d'abord après à M. *de Lagny*, & je la lûs ensuite à l'Academie, dans l'Assemblée du 3 0 Août 1724. J'ai crû ce petit préliminaire historique necessaire, pour faire voir que la lenteur de l'Academie dans l'affaire du Jaugeage, ne vient d'aucune negligence de sa part, & ne doit être attribuée qu'à la circonspection, & aux soins avec lesquels cette Compagnie, & ceux qu'elle commet à quelque éxamen important, tâchent de répondre à la confiance que l'on a en leurs lumiéres.

PRINCIPES.

I.

Un Navire qui fort du Chantier, étant lancé & mis à la Mer, s'y enfonce jufqu'à une certaine hauteur, & déplace par fon enfoncement autant pefant d'eau qu'il péfe lui-même.

II.

Le poids dont on chargera ce Navire, le fera enfoncer de nouveau, & lui fera déplacer encore autant pefant d'eau que péfe fa charge.

III.

Il ne s'agit donc que de connoître le poids, ou, ce qui reviendra au même, le volume de l'eau déplacée par le fecond enfoncement, pour fçavoir quel eft le poids de la charge du Navire.

IV.

Le volume d'eau déplacé par la charge, eft égal au folide compris entre la coupe horifontale du Navire à fleur d'eau, lorfqu'il n'eft point chargé, & la coupe horifontale à fleur d'eau, lorfqu'il eft chargé.

V.

Un Navire eft cenfé fuffifamment chargé, quand il a calé à près d'un pied au deffous de la Ligne du Fort ou de fa plus grande largeur.

VI.

Le folide compris entre les deux coupes horifontales, fçavoir, de la Ligne à fleur d'eau, lorfque le Vaiffeau n'eft point chargé (que j'appellerai *Ligne d'eau*) & de la Ligne à fleur d'eau, lorfque le vaiffeau eft chargé (que j'appellerai *Ligne du Fort*) fera donc le volume qu'on cherche par le jaugeage.

RÉGLE.

Il faut réduire les deux coupes ou furfaces en pieds quarrés, les ajoûter, & multiplier la moitié de leur fomme par la perpendiculaire comprife entr'elles, & qui détermine leur diftance.

Le produit qui en viendra fera égal à la quantité de pieds

*cubes d'eau que contient le folide qu'on cherche, lequel étant mul-
tiplié par 72, donnera le nombre de livres qui font la charge
du Navire.*

E X E M P L E.

Soit *A B C D* le Vaiffeau à jauger, *G H* la Ligne d'eau,   Fig. 1.
E F la Ligne du Fort, *S Y X V T u x y S* la furface à fleur
d'eau en dehors des bordages, reprefentée par la ligne ou profil *G H ; R P N O l i o n p R* la furface reprefentée par la ligne
ou profil *E F ;* & *e r* la perpendiculaire qui détermine la diftance de ces deux furfaces & l'épaiffeur du folide *E G H F E.*

Ayant réduit ces deux furfaces en pieds quarrés, & trouvé
que la première vaut, par exemple, 2238 pieds, la feconde
$3087\frac{1}{3}$, & qu'elles font éloignées de 7 pieds de longueur l'une
de l'autre, il faut les ajoûter, ce qui fait $5325\frac{1}{3}$, en prendre
la moitié, qui eft $2662\frac{2}{3}$, & multiplier cette moitié par la
diftance *e r* de 7 pieds ; ce qui donne $18638\frac{2}{3}$ pieds cubes
& le volume du folide compris entre la Ligne d'eau & la Ligne
du Fort. Enfin multipliant les pieds cubes d'eau, $18638\frac{2}{3}$,
par 72, ce qui fait $1\ 341\ 984$, on aura en livres ce même
folide & la veritable valeur de la charge du Navire.

Si l'on veut l'exprimer en Tonneaux, il n'y a qu'à divifer
$1\ 341\ 984$ par 2000, & l'on trouvera que le Bâtiment qui
a été pris ici pour exemple, eft de 671 Tonneaux à $\frac{1}{125}$ près,
c'eft-à-dire de $670\frac{124}{125}$ Tonneaux.

E X E M P L E   F I G U R É,

Ou Modelle de Pratique de l'Exemple précédent.

1. Pour avoir la coupe de la Ligne d'eau, prenés-en fa
longueur *S T,* depuis l'Etrave jufqu'à l'Etambot inclufivement.
Suppofons-la, par exemple, de $116\frac{1}{2}$ pieds.

2. Divifés cette longueur en quatre parties ; fçavoir, deux,
M Q & *M L,* de part & d'autre du Maître Bau, ou de l'en-
droit le plus large du Navire, jufqu'aux façons de l'Avant &
de l'Arriére ; & deux depuis les points *Q* & *L,* vis-à-vis def-

A iij

quels commencent les façons, jufqu'à l'Etrave *S*, & l'Etambot *T*, inclufivement.

Soient *MQ*, de . . . . 3 0 pieds.
ML, de . . . . 3 o.
QS, de . . . . 2 3.
LT, de . . . . 3 3 $\frac{1}{2}$.

3. Prenés les trois differentes largeurs du Vaiffeau vis-à-vis
les points *M*, *Q*, *L*, fçavoir en *Xx*, *Yy*, & *Vu*.

Soient *Xx*, de . . . . 2 8 pieds.
Yy, de . . . . 2 4.
Vu, de . . . . 2 4.

4. Couchés ces dimenfions fur le papier, & faites-en un
devis, & une figure, qui, quelque groffiére qu'elle foit, vous
foulagera dans le calcul. Il en réfultera 4 Trapezes, *MXYQ*,
MxyQ, *MXVL*, *MxuL*; & 4 Triangles *QYS*, *QyS*,
LVT, *LuT*.

5. Pour avoir l'aire du Trapeze *MXYQ*, ajoûtés *MX*,
qui vaut 1 4, à *QY*, qui eft de 1 2 ; la fomme fera 2 6. Par-
tagés-la par la moitié, qui eft 1 3, & multipliés 1 3 par la
longueur *MQ*, qui vaut 3 o. Le produit 3 9 o, qui en viendra, vous donnera l'aire du Trapeze *MXYQ*, en pieds quarrés.
Et comme le Trapeze *MXVL*, de l'arriére, fe trouve avoir
les mêmes dimenfions, & que les deux *MxyQ*, *MxuL*, qui
font de l'autre côté de la Quille, doivent être cenfés égaux
aux précédents, on trouvera

MXYQ, de . . . . 3 9 o pieds qu.
MXVL, de . . . . 3 9 o.
MxyQ, de . . . . 3 9 o.
MxuL, de . . . . 3 9 o.

6. Pour avoir l'aire des Triangles, multipliés les côtés qui
comprennent l'angle droit l'un par l'autre. Par exemple, *QS*,
qui vaut 2 3, par *QY*, qui vaut 1 2 ; le produit 2 7 6 étant

partagé par la moitié, donnera l'aire du Triangle QYS,
de . . . . 1 3 8. p. qu.

Et parce que QyS, qui est de l'autre côté
de la Quille, lui est égal, il sera aussi de . . . 1 3 8.
On trouvera de même LVT, de . . . . . 2 0 1.
Et LuT, encore de . . . . 2 0 1.

7. Il faut ajoûter les 4 Trapezes, & ces
4 Triangles, ce qui fait en tout . . . . . 2 2 3 8 p. qu.

C'est la valeur de la surface ou coupe de la Ligne d'eau
$SYVTxS$.

8. Prenés les dimensions de la coupe à la Ligne du Fort
de la même maniére, & aux mêmes endroits. Vous trouverés
sa longueur, par exemple, de . . . . 1 2 1 $\frac{1}{2}$ pieds.

Et cette longueur divisée en quatre parties aux mêmes
endroits que celle de la Ligne d'eau, donnera, par exemple,

MQ, de . . . . 3 0 pieds.
ML, de . . . . 3 0.
QR, de . . . . 2 5 $\frac{1}{2}$.
LK, de . . . . 3 6.

La largeur Nn de . . . . 3 0.
Pp, de . . . . 2 8 $\frac{2}{3}$.
Oo, de . . . . 2 8 $\frac{2}{3}$.
Et la largeur Ii, de la Poupe, de . . . . . . 1 8.

Vous aurés par-là 6 Trapezes, sçavoir 2, $MNPQ$, $MnpQ$,
entre le Maître Bau & les façons de l'Avant, 2, $MNOL$,
$MnoL$, entre le Maître Bau & les façons de l'Arriére, & 2,
$LOIK$, $LoiK$, depuis le commencement des façons de l'Arriére
jusqu'à la Poupe. De plus, 2 Trilignes QPR, QpR, depuis
le commencement des façons de l'Avant jusqu'à la Prouë.

9. On trouvera l'aire des Trapezes en pieds quarrés, comme ci-dessus art. 5. sçavoir,

$MNPQ$, de . . . . 440 p. qu.
$MnpQ$, de . . . . 440.
$MNOL$, de . . . . 440.
$MnoL$, de . . . . 440.
$LOIK$, de . . . . 420.
$LoiK$, de . . . . 420.

10. A l'égard du Triligne de l'Avant, QPR, formé par les deux droites QP, QR, & par la courbe PR; pour en avoir l'aire, multipliés les côtés rectilignes QP($14\frac{1}{3}$), & QR ($25\frac{1}{2}$) l'un par l'autre, & prenés-en les $\frac{2}{3}$; ce qui se fait en multipliant le produit des côtés par 2, & divisant par 3, vous trouverés QPR, de . . . . 243 $\frac{2}{3}$.
Et de même , QpR, de . . . . 243 $\frac{2}{3}$.

11. Somme totale des 6 Trapezes, & des 2 Trilignes. . . . . 3087 $\frac{1}{3}$ p. qu.

C'est la valeur de la surface ou coupe à la Ligne du Fort $RNIinR$.

12. Prenés la hauteur perpendiculaire ou la distance de la Ligne d'eau GH, à la Ligne du fort EF, qui sera, par exemple, er, de . . . . 7 pieds.

13. Ajoûtés les surfaces totales $SXTxS$, de la Ligne d'eau, & $RNIinR$, de la Ligne du Fort, qui ont été trouvées (art. 7. & 11.) l'une de 2238, l'autre de 3087$\frac{1}{3}$. Ce qui donne la somme . . . . 5325 $\frac{1}{3}$ p. qu.
Prenés-en la moitié, ci . . . . 2662 $\frac{2}{3}$.

Et multipliés cette moitié par la hauteur ou distance er, qui a été trouvée de 7 pieds. Le produit vous donnera en pieds cubes, la valeur . . . . 18638 $\frac{2}{3}$ p. cub. qui sera celle du solide $EGHFE$, que l'on cherchoit.

14. Enfin multipliés ce nombre de pieds cubes d'eau par 72, & vous aurés . . . , , . . 1341984 livres.
Ou, divisant par 2000. . . . , . 670 $\frac{124}{125}$ Tonneaux, c'est-à-

c'est-à-dire, à $\frac{1}{125}$ près, 671 Tonneaux, qui font la charge du Navire, & tout ce qu'il falloit trouver.

Deuxiéme Pratique, plus courte que la précédente.

Prenés les dimensions comme ci-dessus *(art. 2. & 8.)* mais au lieu de prendre les largeurs entiéres *(art. 3. & 8.)* n'en prenés que la moitié *MX, MN*, &c. vous aurés par-là les demi-coupes *STVXY*, de la Ligne d'eau, & *RKIONP*, de la Ligne du Fort, dont vous trouverés l'aire par parties, comme ci-dessus, art. 5 & 6, 9 & 10. Ajoûtant ensuite ces deux surfaces, & multipliant la somme par la distance *er*, vous trouverés la même charge.

Troisiéme Pratique, encore plus abregée.

Ne mesurés, comme dans la précédente, que la moitié des largeurs, & ne considerés d'abord que la moitié de chaque coupe. Mais en cherchant l'aire des Trapezes, multipliés la longueur de chacun sur la Quille, par la somme de ses côtés paralleles élevés perpendiculairement sur cette longueur : de même en cherchant l'aire des Triangles, multipliés leurs côtés perpendiculaires l'un par l'autre, sans partager ensuite par la moitié le produit qui en vient. Et à l'égard du Triligne de l'Avant *(art. 10.)* prenés les $\frac{4}{3}$ du produit de ses côtés rectilignes *QP, QR*, en le multipliant par 4, & divisant par 3. Vous aurés par-là des doubles valeurs de chacune de ces parties, & par conséquent les surfaces entiéres de la Ligne d'eau, & de la Ligne du fort. Multipliés ensuite la moitié de leur somme par la hauteur *er*, comme dans la premiére maniére *(art. 13.)* & vous trouverés la même charge du Navire.

Quatriéme Pratique, qui abrege toutes les précédentes.

Enfin on peut encore abreger les Pratiques ci-dessus, en ne prenant, au lieu des coupes, ou des demi-coupes, à fleur d'eau, & à la Ligne du fort, que la coupe ou la demi-coupe moyenne entre ces deux, & qui répond au milieu de leur distance ou de la hauteur *er*, du solide d'eau déplacé par la charge; ce qui pourra être commode en plufieurs occafions, & qui ne s'éloignera pas fenfiblement de la veritable moyenne arithmétique entre les deux coupes horifontales.

Maniére de mefurer la diſtance e r *des deux coupes hori-*
fontales , & de prendre les largeurs du Navire
de dehors en dehors.

Nous fuppofons *(art. 1. 2. 3. 8. & 12. du Modelle de Pratique)* que les Jaugeurs prennent les dimenfions du Bâtiment avec foin, de la maniére la plus fûre, & qui leur fera la plus familiére. Il faut feulement qu'ils fe fouviennent, lorfqu'ils mefurent le Vaiffeau par le dedans, d'y ajoûter toûjours les épaiffeurs. Car toute cette jauge eſt fondée fur le déplacement d'eau fait par la furface exterieure du Navire. Mais je ne fçaurois me difpenfer de mettre ici, & de confeiller une methode dont je me fuis fervi, pour avoir immédiatement la hauteur perpendiculaire e r du folide d'eau, & les largeurs du Vaiffeau de dehors en dehors, & qui a été déja éprouvée plufieurs fois avec facilité, & avec fuccès par des Jaugeurs ordinaires.

Fig. 2.   Prenés une petite corde *p b d s,* aux extremités de laquelle foient attachés deux plombs, *p, s.* Portés-la fur le Pont *t c,* & difpofés-la de façon, qu'elle foit étenduë à peu-près à angles droits fur la Quille, & qu'étant foûtenuë en deux points, *b,* & *d,* fes parties *b p, d s,* rafent les côtés du vaiffeau en *e, f,* où l'on fuppofe fa plus grande largeur, pendant que l'un de fes plombs, *p,* s'enfonce dans l'eau *k s i u,* & que l'autre, *s,* en touche feulement la fuperficie. La corde étant arrêtée dans cette fituation, ce qui fera aifé par le moyen de quelque bâton fourchu qui la foûtienne en *b,* & en *d,* on mefurera *b d,* qui donnera la largeur du Vaiffeau à la Ligne du Fort *e f.* Les diftances *g k, s h,* depuis la corde, ou le plomb, jufqu'aux bordages, étant ôtées de la largeur *b d,* donneront la largeur à la Ligne d'eau, *g h ;* & la hauteur *e k,* ou *f s,* déterminera l'épaiffeur du folide d'eau déplacé par la charge du Navire, ou la diſtance des coupes à fleur d'eau , & à la Ligne du Fort. On repetera cette operation à tous les endroits où l'on voudra prendre la largeur du Navire repreſentée en general par la coupe laterale *t f q e c.*

On ne prendra que *a b,* ou *a d,* moitié de *d b,* lorſqu'on ſe ſervira de la ſeconde ou de la troiſiéme Pratique ci-deſſus.

Maniére d'abreger le Meſurage, & ſes réductions en pieds cubiques d'eau , & en Tonneaux.

Les Jaugeurs de Tonneaux de vin ſe ſervent d'une Baguette ou *Jauge* proprement dite, diviſée en pluſieurs parties, qui répondent à un certain nombre de pots, qu'elles indiquent pour le Tonneau qui a telles ou telles dimenſions. De ſorte qu'après avoir pris, par exemple, la longueur du Tonneau , & ſon diametre à l'un des fonds, ou ſeulement la diſtance du bondon juſqu'à l'angle oppoſé que fait le fond avec les douves, ils ſçavent très promptement ce qu'il contient de pots de liqueur. On pourroit faire à leur imitation une *Toiſe* ou *Verge-Marine* pour les Navires , qui donnât tout d'un coup, & ſans réduction leur port en Tonneaux, après en avoir pris les dimenſions avec cette Toiſe, comme il a été enſeigné ci-deſſus avec la Toiſe ordinaire du Châtelet. J'ai calculé que la Toiſe ou Verge-Marine ayant de longueur 6 pieds 8 $\frac{1}{7}$ lignes de celle du Châtelet, elle détermineroit , à une très petite fraction de ligne près, le côté d'un cube de 8 Tonneaux ou de 16000 livres peſant d'eau, à raiſon de 72 livres pour chaque pied cubique. Par conſéquent la demi-Toiſe-Marine, ou 3 pieds 4 $\frac{1}{10}$ lignes , donneroit le Tonneau cubique, chacun de ſes pieds la 27me partie du Tonneau , chaque pouce la 46656me partie, &c. Ces valeurs, & ſur-tout celles qui répondent à un nombre précis de Tonneaux, ou de parties aliquotes de Tonneau, étant marquées ſur la Toiſe-Marine, ſon uſage ſeroit d'autant plus utile, que tout Jaugeur un peu intelligent pourroit s'en ſervir ſans perdre jamais de vûë la raiſon de ce qu'il fait, en diminuant extremement le calcul, &

le nombre des operations ordinaires, qui sont autant d'occa-
sions d'erreur. On auroit aussi pour plus de commodité, des
Tables de réduction toutes dressées, soit en parties decimales,
ou en telle autre subdivision, qui seroit la plus commode pour
la perception des droits en conséquence du port des Navires.
C'est à quoi je donnerai volontiers mes soins, si l'on fait quelque Réglement sur cette matiére.

Remarques sur les Pratiques précédentes.

I. Quoi-que l'énoncé de la troisiéme Pratique la fasse pa-
roître plus longue que la seconde, en ce qu'il faut prendre la
moitié de la somme des deux surfaces, ce qui se trouve tout
fait dans l'autre, elle est néantmoins réellement plus courte:
parce qu'elle dispense de partager en deux parties égales la
somme des côtés paralleles de chacun des Trapezes, & aussi
de prendre la moitié du produit des côtés de l'Angle Droit
des Triangles, comme on fait dans la seconde. De sorte que
l'operation que la troisiéme maniére exige de plus est unique,
au lieu que celle qu'elle épargne, & qui se trouve dans la seconde, doit être répétée autant de fois qu'il y a de Trapezes,
& de Triangles dans la moitié de chacune des coupes. La
troisiéme Pratique me paroît encore préférable, en ce que don-
nant les surfaces entiéres, & partageant leur somme par la
moitié, elle a une analogie plus marquée avec la Régle & les
Principes ; ce qui est d'une très grande importance sur ces
matiéres, où l'on ne sçauroit trop s'attacher à operer de maniére que l'on voye toûjours ce que l'on fait. C'est pour cela
que tout bien compté, la premiére Pratique, quoi-que la plus
longue, est la meilleure, du moins pour les Jaugeurs qui commencent, & pour tous ceux qui ne sont pas actuellement dans
un grand exercice de la jauge.

II. La maniére dont on a pris l'aire des Trapezes *(art. 5. 9.)*
est fondée sur ce qu'ils ont tous, deux côtés paralleles perpendiculaires au plan vertical qui passe par la Quille du Vais-
seau, ou à la ligne qui détermine la longueur des coupes. Car
on sçait par les premiers Elements de la Geometrie-pratique,

que l'aire de telles figures est égale au produit de la moitié
de la somme de leurs côtés paralleles multipliée par le côté qui
leur est perpendiculaire. Le calcul des Triangles *(num. 6.)* est
aussi fondé sur ce qu'ils ont un angle Droit compris entre la
ligne qui fait partie de la longueur de la coupe, & la ligne
qui détermine la moitié de sa largeur. Ainsi les Jaugeurs doivent tâcher, autant qu'il leur sera possible, de prendre les largeurs du Navire perpendiculairement à la Quille ou au plan
vertical qui passeroit par la Quille. Cette attention ne fait pas
une difficulté particuliére à cette jauge, elle doit être com-
mune à toutes les maniéres de jauger qu'on a eu jusqu'ici dans
le Royaume.

III. Le Triligne QPR, est presque toûjours très approchant de la moitié d'une figure curviligne que les Geometres
appellent une *Parabole*. Et parce que l'aire de cette figure est
égale aux deux tiers du rectangle de ses côtés rectilignes QP,
QR, & que l'operation par laquelle on prend ces deux tiers
est très aisée, on l'a adoptée préférablement à toute autre.
Cependant si des Jaugeurs intelligents trouvent par l'inspec-
tion du Navire proposé, que ses façons à l'Avant ne rendent
pas bien la figure Parabolique QPR, dont le sommet est en P,
& qu'ils veüillent avoir l'aire de cette partie de la coupe à la
Ligne du Fort conformément à la manière dont ils ont eu les
autres, ils n'auront qu'à prendre une dimension de plus, az:
& par ce moyen ils diviseront QPR, en un Trapeze $QazP$,
& en un Triangle, ou approchant, azR, dont ils trouveront
l'aire comme ci-dessus, *num. 5. & 6.* Ils pourront en user de
même, & prendre la largeur du Navire en plus d'endroits
que nous n'en avons indiqués, lorsqu'ils jugeront que les cour-
bures de l'Avant, & de l'Arriére des Navires à jauger seroient
trop grandes pour être regardées comme des Triangles rectilignes, étant rapportées aux coupes horisontales. Mais les dimensions précédentes suffiront pour l'ordinaire, & ne sçau-
roient donner que des erreurs peu considerables. Ces erreurs
même, s'il y en a, se trouveront toûjours à l'avantage du
Navire, qui est ce à quoi l'on a fait grande attention, en éta-
blissant la Régle.

Fig. 1.

IV. On a fuppofé ici que le bâtiment *ABCD (Fig. 1.)* étoit à Poupe quarrée, afin de donner l'exemple fur ce qu'il y avoit de plus fimple & de plus ordinaire, fur-tout pour les Bâtiments de charge, & les plus fujets à la jauge. Quand il s'en trouvera à Cul rond, tels que font les Flûtes, Flibots, ou Pinques, il faudra ajoûter à la coupe de la Ligne du Fort, ou à fa moitié, la partie *bIK,* qui conftituë cette rondeur, & en prendre l'aire comme d'un Triangle, fi elle n'en differe pas bien fenfiblement, ou comme on a fait du Triligne de l'Avant, & ainfi qu'il eft enfeigné dans l'art. 10. de la Pratique, ou dans la Remarque précédente.

V. A l'égard des Vaiffeaux pleins, dans les cas où l'on fe trouvera obligé de les jauger, on pourra y employer la Methode dont je viens de donner les Regles, & la Pratique. Ce fera encore, à tout prendre, la moins fautive de toutes celles que je connois, fans parler de l'uniformité que l'on confervera par-là, & qui eft ici de grande importance. Je dis la moins fautive; car il ne faut point fe flatter qu'on puiffe jamais avoir bien jufte le port d'un Vaiffeau chargé, puifqu'on peut à peine arriver à cette juftefle dans le jaugeage des Vaiffeaux vuides. La dimenfion la plus difficile à prendre fur les Vaiffeaux pleins, par notre Methode, eft celle qui détermine la diftance des deux coupes horifontales : parce que la Ligne d'eau fe trouvant alors fous l'eau, on ne peut juger qu'à peu-près, & par la Tonture & l'Eftive du Vaiffeau, de la diftance de cette coupe à celle de la Ligne du Fort. Mais l'experience & l'habileté du Jaugeur y pourront fuppléer. C'eft en partie dans cette vûë que j'ai ajoûté à la Pratique fondamentale de l'Exemple figuré, plufieurs pratiques differentes, qui ne s'écartent point de la Regle & de la Methode, & qui pourront fournir dans l'occafion differents moyens de prendre les dimenfions du Navire, felon les circonftances, & felon l'arrangement, la quantité, ou la nature des marchandifes dont il fera chargé.

Ceux qui fouhaiteront s'inftruire plus amplement fur la matiére du Jaugeage, pourront avoir recours aux Memoires de l'Academie

de l'année 1721 p. 76. Ils y trouveront les raisons de la préfé-
rence qu'on a donné à la Methode dont il s'agit ici, une Explication
des principes qui en font le fondement, ses avantages, & le degré
de justesse qu'on en peut raisonnablement esperer.

Du reste il ne conviendroit pas dans cet abregé, de répondre à
quelques objections qu'on m'a faites depuis sur cette Methode. Je
dirai seulement que j'y ai eu égard, & que si ceux qui sont au fait
du Jaugeage veulent y faire attention, ils verront bien-tôt que la
plufpart de ces objections roulent sur des inconveniens communs à
toutes les Methodes, ou inévitables, ou tels enfin qu'on ne sçauroit
les éviter, sans tomber dans des inconveniens encore pires.

EXTRAIT DES REGISTRES
de l'Academie Royale des Sciences.

Du 28 Juillet 1725.

SON ALTESSE SERENISSIME Monseigneur le Comte de Toulouse Amiral de France, & Monsieur le Comte de Maurepas Secretaire d'Etat de la Marine, ayant demandé à l'Academie son dernier avis sur le Jaugeage des Vaisseaux, matiére sur laquelle des Commissaires nommés par elle avoient déja travaillé à diverses reprises il y a cinq ans, par l'ordre de feu Monseigneur le Duc d'Orleans, à qui le Conseil de Marine & Monsieur l'Amiral l'avoient demandé; la Compagnie a déclaré qu'après avoir vû ce qu'avoient fait ses Commissaires sur plusieurs Memoires & Piéces instructives, qui lui avoient été envoyées avec les Methodes pratiquées jusqu'ici pour le Jaugeage dans les differents Ports du Royaume, & chés les Etrangers, elle adoptoit le travail fait par M.ʳ de Mairan, l'un desdits Commissaires, qui avoit rectifié une Methode dont le fonds étoit de M.ᵉ

Hocquart Commiſſaire de la Marine, que cette Pratique
ayant été éprouvée par M.ʳ Bouguer Hidrographe du
Roy au Port du Croiſic, qui l'avoit trouvée d'une juſteſſe
bien au de-là de celle que demandent les Ordonnances,
& très commode, & enſuite par M.ʳ de Mairan qui avoit
été exprès pour la verifier, & la comparer avec pluſieurs
autres qui lui avoient été communiquées, dans les Ports
de Bordeaux & d'Agde, elle ne doutoit point que tout
conſideré, cette Pratique, telle que M.ʳ de Mairan l'a
donnée le 30 Août 1724, pour être inſerée dans les
Regiſtres, ne fût auſſi juſte, auſſi claire & auſſi facile
qu'on le peut deſirer. En foi de quoi j'ai ſigné le preſent
Certificat. A Paris ce 23 Août 1725.

FONTENELLE,

Secr. perp. de l'Ac. Roy. des Sc.

Fig. 1.

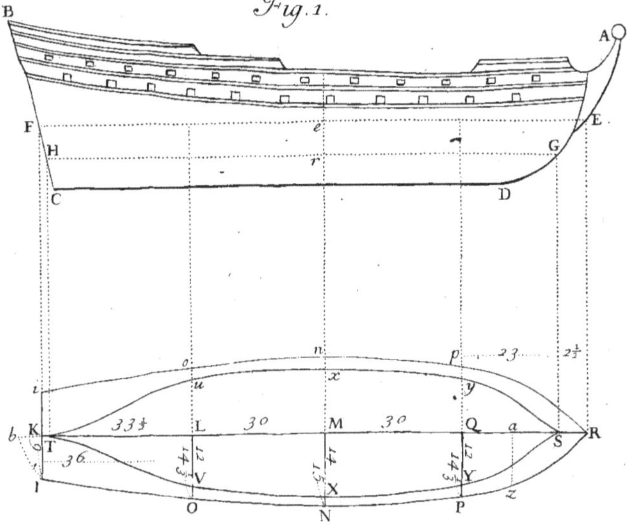

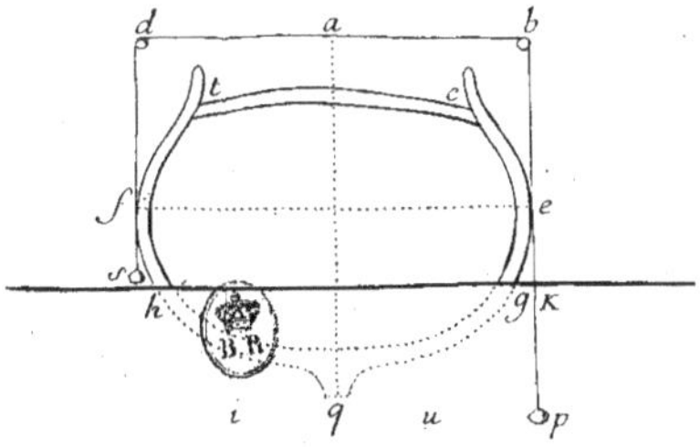

Ph. Simonneau filius sculp.